小学生用电安全提示卡

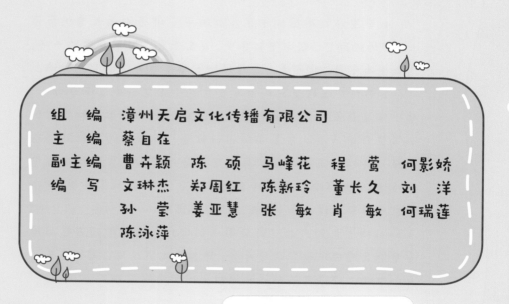

组　编　漳州天启文化传播有限公司
主　编　蔡自在
副主编　曹卉颖　陈　硕　马峰花　程　莺　何影娇
编　写　文琳杰　郑周红　陈新玲　董长久　刘　洋
　　　　孙　莹　姜亚慧　张　敏　肖　敏　何瑞莲
　　　　陈泳萍

U0387322

内容提要

　　小学生作为祖国的未来，能够平安健康的成长是所有家长、老师的期望。在小学教育中，安全教育是非常重要的一环。电由于看不见、摸不着，是学校和家庭重点关注的安全领域。

　　本书在广泛搜集分析近年发生的小学生触电案例基础上，将小学生易发生的各类触电事故，按照户外、家庭和学校即小学生日常活动的主要场所进行分类，以卡通漫画形式进行列举，并指明正确做法。每年全国各小学都要举行用电安全宣传活动，为了更好地宣传普及用电安全知识，我们开发了《小学生用电安全提示卡》图书、海报、讲课用PPT课件和"安全树"互动游戏等系列产品（详见图书封底），为各学校开展用电安全教育提供一整套解决方案。该方案形式活泼、寓教于乐、互动性强，使读者在游戏的同时牢记用电安全知识。

一、户外用电安全提示

一、户外用电安全提示

勿动危险的"铁大个"

变压器像一个钢铁机器人，看着坚硬稳固，但如果用石块等杂物砸在变压器上，可能导致变压器磁瓶破损，因而高压线短路，不仅会造成大面积的停电，甚至有可能发生爆炸从而危及自身和周边小伙伴的人身安全。

远离断落的电线

发现有电线断落时，不要试图去捡起电线或者电线周围的物品，如果在接地电流入地点8米以内行走，两脚之间形成电位差，即跨步电压，就可能发生触电事故，应该以单脚跳或者双脚并跳的方式离开。

暴躁的烟花

每逢节庆，烟花爆竹的燃放有助于提升节日气氛，但应谨记不能在杆塔、变电站、配电房等电力设施周边燃放烟花爆竹，因为燃烧的烟花容易造成电线烧毁或短路，造成公共财产的损失，对自身安全也会造成很大的威胁。

电线杆上勿当"蜘蛛侠"

也许你渴望拥有蜘蛛侠般飞檐走壁的技能，喜欢攀高爬低一展身手，但是切记不能攀爬电线杆、变压器台、铁塔等电力设施，以免发生触电事故。应尽量远离变压器台和一些电力设施，严禁触摸攀爬。

被困高压线的风筝

每当春暖花开的时候，同学们都喜欢外出踏青、放风筝，但放风筝一定要远离电力设施，因为风筝线容易绕挂在高压线上，引起相间短路，导致大面积停电；而且风筝线遇到空气中潮湿的雾气容易导电，放风筝的人会有触电危险。

高压防护网上的凶险"跨栏"

对于未知的事物，同学们总抱着好奇之心，会想要攀爬护栏，探索里面的"秘密"，但带有保护围栏的电力设施一般都是带有高压电的，破坏或翻越防护网，不仅对公共财产造成破坏，也对自身和他人的安全造成威胁。

电线杆旁的钓鱼历险记

周末外出钓鱼是十分惬意的，但要注意选择钓鱼的地点！鱼线沾水容易导电，而且碳素鱼竿也容易导电，一旦在抛线过程中缠住了电线，很容易导致人身触电伤亡，甚至引发大面积的跳闸停电，因此同学们在钓鱼时一定要远离电力线路。

禁止在高压线下钓鱼

孔明灯远离电线杆

放飞孔明灯可寄予美好的愿望，但是切记不能在电力线路附近燃放孔明灯。一旦孔明灯落挂到电力线路上，会导致电线短路、接触网设备烧损、电路断电跳闸等情况，造成停电和公共财产损失，而且一旦电线毁坏掉落下来，会对自身和周围的人造成安全威胁。

植树远离电线杆

随着地球污染日渐严重，许多学校开展了植树活动来绿化环境，然而要注意不能在电力线路保护区和电线杆塔附近植树。因为树木生长容易触碰到电力线路，造成短路引发停电。而且一旦遇到大风天气，很容易引发倒杆断线的危险，危及人们的生命财产安全。

损坏杆塔很危险

同学们在户外嬉戏时，出于好奇会拆卸一些东西或者乱涂乱画，但是千万不要拆卸杆塔或拉线上的器材，移动、损坏标志牌。标志牌一旦被损坏将不能起到危险警示作用，不仅造成公共财产的损失，而且极易危及他人的人身安全。当身边有这样的小伙伴，同学们要帮他改正喔！

勿在树下躲雷电

雷雨天气时，同学们不要在大树、变压器台下避雨。因为大树、变压器台都是连到大地的，打雷时，大树、变压器台很容易导电。当大树、变压器台被雷击中，有一个从大树、变压器台向周边大地散电荷的过程，由于电荷量很大，如果有人在树下，就容易触电。

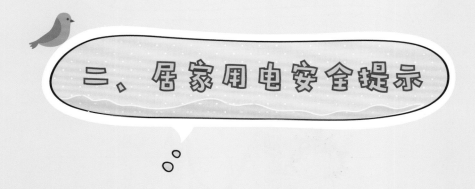

二、居家用电安全提示

电热水器下安全沐浴

冲热水澡洗去一天的疲惫是最惬意的事情，但有的同学洗澡时没有关掉热水器的电源，这样是很危险的。洗澡时全身都是水，一旦电热水器漏电，人体必定会发生触电。因此建议同学们提前开启电热水器加热，洗澡时先断开电源，洗一个舒适又安全的澡。

称职的电火灾"消防员"

电器着火时，必须先切断总电源，再用干粉、二氧化碳灭火器或者干沙子来灭火，切勿用水灭火。因为水带有导电性，进入带电设备后易引发触电，甚至引起电器爆炸！

私搭乱接电线埋隐患

随意私拉乱接电线，不仅容易绊倒人，还会造成单一线路负荷过大，线路容易因超负荷发热引起火灾。因此同学们千万不要为了图方便就在室内随意私拉乱接电线哦。

勿用湿手触开关

水具有导电性，如果用湿手触摸开关，水流入开关时，会与火线相连，形成通路，发生触电事故。因此同学们要记得千万不能用湿手拨动开关或插拔插头，应该先擦干手再去操作。

电线缠绕不可取

使用电器时，请勿将过长的电线缠绕在手或手臂上，这样会增加电源线与身体的接触面积，一旦电源线的绝缘层有老化或者破损，使用者就会触电，而且电线缠绕在手上或手臂上，一旦触电将很难摆脱。

拖拉导线致危险

同学们在家移动一些家用电器的时候不能直接拖拉导线。防止导线因为外力的拉扯，导致导线外绝缘破损引发人身触电！

危险的电线 "晾衣绳"

勤洗衣服、晒被单是个人良好卫生习惯的表现，但是同学们要注意千万不能在电力线路上晾衣物。衣服的重量容易将导线拉断，带电的导线落地容易造成触电事故。而且衣架反复摩擦导线，会降低导线的绝缘性，容易引起人身触电。

GO! 冒牌的电器修理工

同学们经常喜欢自己动手捣鼓一些东西，但是如果盲目去拆卸、维修电器设备，一旦线路搭错，会造成电器元件超载或者线路短路，容易着火甚至爆炸。因此遇到电器故障，要请专业的人员修理，不要自行拆卸、维修。

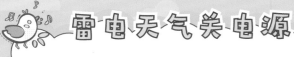

雷电天气关电源

遇雷雨天气，同学们应该立即停止使用电视、电脑等带电设备，并拔下电器插头。因为雷电流会沿着天线或者网线进入设备，将家电烧毁，甚至可能发生爆炸。

电开关，右手按

HELLO!

人身体里的水分占到 70% 左右，能够导电。据研究表明，心脏最怕电流的冲击。如果电流通过心脏，很容易造成心脏骤停。由于人的心脏偏左，最好养成右手按电器开关的习惯，以减少触电时电流对人体的伤害。

自改插头很危险

三脚插座和三脚插头能使用电设备的外壳与大地安全连接，有效防止触电事故的发生。如果使用双眼插座与双脚插头替代，就造成接地线空挡，容易造成触电。因此同学们不能自作主张地将三脚插头改成双脚插头哦。

三、校园用电安全提示

超载的插座

每个插座都有额定电流，就像汽车载人载物一样，不可超载。一个接线板上如果同时使用过多的电器，那么其总功率就有可能超过接线板可承受的最大负荷，从而加速电线老化甚至引发电气火灾。因此为了自身安全，千万要注意不要让插座超载。

勿用湿布擦电器

大扫除不仅能保持校园环境卫生，还能让我们养成良好的劳动习惯，但是在大扫除中一定要注意不能用湿手、湿布接触或擦拭带电的电器。在电源没有断开的情况下，部分电器的金属外壳可能带电，电会顺着水流传到人体引发触电。

"受伤"的电线

同学们都知道受伤了用布包扎，纸张破损用胶带黏合，那电线"受伤"了呢？同学们要注意了，发现破损或者裸露的电线应先切断电源并及时告知老师或家长，千万不要自行用普通胶布、胶带包扎。因为这些都不能起到绝缘的作用，非常容易发生触电事故。

插座孔勿乱插

"电"来无影去无踪，神秘存在着。同学们千万不要拿手或者用铁丝、笔等插入插座孔。其实这样是十分危险的，因为人和金属都是导体，电流会顺着铁丝或者笔传到人体，从而引发触电事故。

不堪重负的电线

宿舍生活让同学们学会独立，但是同学们切记不能在宿舍使用电磁炉、热得快、电热褥、取暖器等违规电器。这些电器都是靠电阻值较大的材料发热获得能量，易造成电线发热，使用时间一长，会使绝缘体老化甚至燃烧，从而引起火灾。

床头勿放电源接线

很多同学会在床头上放一个电源接线板，然后将风扇、手机充电器等统统插上使用。请注意电源接线板不应放床头，要放在书桌等通风安全处，周围不能有易燃物品，而且电线不能与床架等金属物接触，以免因导线破损引发人身触电。

致命的通话

说起手机，现在人人都是机不离手。但是手机不能边充电边打电话或者玩游戏，因为一旦手机漏电将会导致触电。

别让充电器独自在家

很多同学在出门前往往会将一些电器进行充电，以便回来后使用，但是充电器长时间充电蓄热，热量又散不出去，容易发生火灾。外出前务必拔掉充电器。

莫在床头放台灯

不要在床头上放台灯看书。因为若台灯电线破损可能引发人身触电，而且灯具表面温度过高，可能引燃旁边的图书等易燃物品，导致火灾。

危急时刻莫慌张

当发现有人触电倒地时,切记不能慌张,更不能直接徒手去拉触电者。应确保自身安全的情况下先断开电源,及时呼叫大人帮忙并拨打 120。情况紧急时,可用干燥的木棍等绝缘体将触电者与带电体分开。

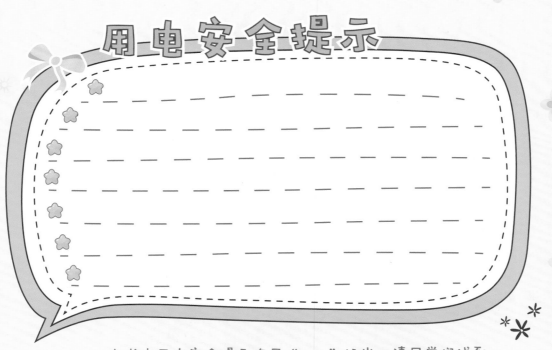

用电安全提示

本书中用电安全提示均用 "……" 标出，请同学们找到它们并把它写下来吧！